BEI GRIN MACHT SICH IHR WISSEN BEZAHLT

- Wir veröffentlichen Ihre Hausarbeit, Bachelor- und Masterarbeit

- Ihr eigenes eBook und Buch - weltweit in allen wichtigen Shops

- Verdienen Sie an jedem Verkauf

Jetzt bei www.GRIN.com hochladen und kostenlos publizieren

Bibliografische Information der Deutschen Nationalbibliothek:

Die Deutsche Bibliothek verzeichnet diese Publikation in der Deutschen National-
bibliografie; detaillierte bibliografische Daten sind im Internet über http://dnb.d-
nb.de/ abrufbar.

Impressum:

Copyright © 2019 GRIN Verlag
Druck und Bindung: Books on Demand GmbH, Norderstedt Germany
ISBN: 9783668893610

Güney Kaya

Lean Management auf Baustellen und dessen Methoden

Begleitseminar zur Bachelor Thesis

GRIN Verlag

Fachbereich Architektur und Bauingenieurwesen
Studiengang Architektur (B.Sc.)

Lean Management auf Baustellen

und dessen Methoden

Begleitseminar zur Bachelorarbeit

Im Studiengang Architektur

der Hochschule Rhein Main

Wiesbaden

Güney Kaya

Datum der Anmeldung: 05.10.2018

Datum der Abgabe 14.12.2018

Kurzfassung

Das vorliegende Begleitseminar zur Bachelorarbeit gibt einen Einblick in das Lean Management im Bauwesen, eine relativ neue Optimierungsmethode der Baubranche in Deutschland.[1]

Dabei wurden die Herkunft und die Grundsätze untersucht, auf denen das Lean Management beruht. Die Prinzipien des allgemeinen Lean Management wurden definiert. Anschließend wurde der Unterschied, in Form von Gewichtung der Prinzipien der Lean Construction aufgezeigt. Entgegen der Annahme, dass die Baubranche durch ihre Einzel- oder „Unikatfertigung" durch allgemeine Musteranwendungen kaum zu optimieren sei, zeigen die Lösungen des Lean Management im Bauwesen, dass es erheblichen Optimierungsbedarf gibt, die als System auf fast allen Baustellen anwendbar sind. Da das beste System nur so gut ist, wie dessen rechtliche Umsetzbarkeit, wurden hierzu positive und auch kritische Meinungen gegenübergestellt. Durch den ganzheitlichen Optimierungsprozess des Lean Managements im Bauwesen ist dieses Begleitseminar für alle am Bau beteiligten Personen interessant. Die Grundlage des Begleitseminars besteht aus der Auswertung von Literatur. Dadurch konnte ein klares Fazit gezogen werden.

---

[1] Vgl. Fiedler 2018c, S. 399.

Abstract

The accompanying seminar on the bachelor thesis gives an insight to the new method in Germany, lean management in construction. The origin and the principles on which the lean management is based were examined. Due to the different weighting of the principles, between the general Lean Management and the Lean Construction, these were defined and highlighted. Contrary to the assumption that the construction industry can hardly be optimized through its one-off or "one-off production", the solutions offered by lean management in the construction industry show that there is a considerable need for optimization. Since the best system is only as good as its legal feasibility, positive and critical opinions has been compared. Through, the holistic optimization process of Lean Management in construction, this escort seminar is interesting for all persons involved in the construction. The basis of the accompanying seminar consists of the evaluation of literature. This allowed a clear conclusion to be drawn.

Inhaltsverzeichnis

Abkürzungsverzeichnis

BGB	Bürgerliches Gesetzbuch
VOB	Vergabe- und Vertragsordnung für Bauleistungen
LC	Lean Construction
IPD	Integrated Project Delivery
BIM	Building Information Modeling
HOAI	Honorarordnung für Architekten und Ingenieure
PEA(Wert)	Prozent der erbrachten Arbeiten
LV	Leistungsverzeichnis
GMP	Guaranteed-Maximum-Price

Abbildungsverzeichnis

1   Einleitung

Bauprojekte sind Systeme, die alteingesessene Qualitätsprobleme sowie eine niedrige Effizienz haben. Dies wird durch empirische Daten und Erfahrungen belegt.[2]
Zu alteingesessenen Qualitätsproblemen gehört, dass auftretende Probleme, mit erhöhtem Ressourcenaufwand überdeckt werden, statt die Ursache des Problems zu lösen.[3] Die unterdurchschnittliche Produktivitätsentwicklung der deutschen Bauindustrie ist mit einer Verbesserung von nur 4,1 Prozent zwischen 2000 und 2011 zu verbuchen. Im gleichen Zeitraum steigerte sich die gesamte deutsche Wirtschaftsleistung um 11 Prozent. Eine mögliche Ursache ist, dass Planungsmethoden, wie Building Information Modeling oder auch Lean Construction zu wenig genutzt werden.[4]
Lean Construction wird, nach einer Umfrage von 1500 Führungskräften im Jahr 2016, von nur 7 Prozent der befragten Führungskräfte aus der Bauwirtschaft eingesetzt.
Im Vergleich dazu setzt die Automobilindustrie mit ihren 92 Prozent ganz andere Maßstäbe.[5] Lean Construction kann mit seiner neuen Denkweise, das Magische Dreieck des Projektmanagements, wieder in ein effizienteres Gleichgewicht führen und den Konflikt zwischen Qualität, Zeit und Kosten auf ein für alle gutes Maß bringen (vgl. Abbildung 1).

Abbildung 1: Dreieck der Projektziele   [6]

Ein neues System wie die Lean Construction braucht neue Schnittstellen in die bestehende Struktur der deutschen Baubranche. Die Schnittstellen, beispielsweise in Form von Verträgen, Empathie im oberen Management, müssen vor Ihrer Anwendung bedacht werden. Ein Ansatz, der als weitere Diskussionsgrundlage angewandt werden kann, wird hier dargestellt.

---

[2] Vgl. Gehbauer, kein Datum, S. 5.
[3] Vgl. Fiedler et al. 2018, 97f.
[4] Vgl. Roland Berger 2016, S. 5.
[5] Vgl. Fiedler 2018d, IX.
[6] Christian Sachs 2018.

2   Aufgabenstellung und Ziele

Die Aufgabenstellung dieser Ausarbeitung ist es zunächst, Lean Construction im Allgemeinen zu erläutern, da dies ein noch relativ neuer Steuerungsmechanismus in der
deutschen Baubranche ist.[7]

Das Aufzeigen der Gründe des Steuerungsmechanismus sowie einzelne Methoden,
die das Lean Construction ausmachen, werden anschließend definiert.

Es wird dargelegt, welche Grundlagen für Just-in-Time Lieferungen notwendig sind,
sowie die Zusammenhänge zwischen Lean Management und Building Information
Modeling erklärt.

Ebenso werden Besonderheiten von Lean Construction und den traditionellen Bau-
verträgen dargelegt.

Abschließend soll in einem Fazit geklärt werden, inwiefern die Methodik Lean
Construction für die deutsche Baubranche anwendbar ist.

---

[7] Vgl. Fiedler 2018d, S. 399.

3   Was ist Lean Management im Bauwesen?

3.1   Allgemeine Grundlagen

Lean Construction gehört zur Gruppe des Lean Managements, Lean Thinking oder auch Lean Production aus der Automobilbranche.
Die Besonderheit der Lean Construction verbirgt sich im Wortbaustein „Construction".
Dieser Wortbaustein weist auf die Construction Industry, den Baubetrieb, hin.[8]
Der Grundgedanke von Lean Construction, zu dem auch wie oben beschrieben das Lean Production gehört, ist durch eine Reihe von Werkzeugen oder Methoden, grundsätzlichen Herangehensweisen und Philosophien geprägt, die im weiteren beschrieben werden.[9]
Durch den kontinuierlichen Verbesserungsprozess ist Lean Management ein sich ständig weiterentwickelndes, lebendes System. Aufgenommen wurde das System durch Studien westlicher Wissenschaftler und Praktiker bei Produktionsmethoden der Firma Toyota in Japan.[10]
Diese Wissenschaftler und Praktiker haben sich dem Ziel von Taichi Ohno, dem Begründer des Toyota Produktionssystems, angenommen, jegliche Art von **Verschwendung** (japanisch: **Muda**) zu vermeiden.[11]
Da die Produktionsweise im Bauwesen gänzlich anders funktioniert als die der Automobil- oder Maschinenbauindustrie, beschäftigen sich Praktiker und Wissenschaftler ab etwa 1992 mit dem Thema Lean Management im Bauwesen.[12]
Im Bauwesen wird ein Einzelstück vor Ort gefertigt. Deshalb müssen zusätzlich zu den Methoden der stationären Industrie, auf das Bauwesen individuell zugeschnittene Methoden entwickelt werden.[13]
Lean Construction setzt sich als Ziel, die Umsetzung des „Best-for-Projects-Prinzips".[14] Dies ist bei komplexen Projekten in Hinblick auf Anforderungen an das Gebäude, schwierige Bauprozesse oder enormen Zeitdruck durch kooperative Zusammenarbeit aller Projektbeteiligten zu erreichen. Dadurch wird im Team die beste Lösung für das Projekt erzielt.[15] Eine gesamte Verbesserung des Projektes wird durch die Berücksichtigung des Gesamtsystems erreicht.[16]
Demgegenüber bewegen die klassischen Bauverträge die Projektteilnehmer dazu nur ihre eigenen Interessen für ihr eigenes Gewerk zu optimieren. Daher wurde, beim Produktionssystem von Toyota entsprechend festgestellt, dass die Optimierung

---

[8]Vgl. Gehbauer, kein Datum, S. 4.
[9]Vgl. ebd., S. 4.
[10]Vgl. Gehbauer, kein Datum, S. 1.
[11]Vgl. Balsliemke 2015, S. 3.
[12]Vgl. Gehbauer, kein Datum, S. 1.
[13]Vgl. Kitzmann und Brenk 2018, S. 83.
[14] Sonntag und Hickethier 2011, S. 165.
[15]Vgl. Sonntag und Hickethier 2011, 164ff.
[16]Vgl. ebd., 164ff.

beschränkt auf die eigene Arbeit, das bedeutet, dass, ohne das Gesamtprojekt zu betrachten, Entscheidungen getroffen wurden, die zu Verschwendungen (Muda) führen.[17] Dies widerstrebt allerdings den Prinzipien, die im Lean Management festgelegt sind. Daher sind Vermeidung von Verschwendung und die Maximierung des Kundennutzens Voraussetzung der effizienten Anwendung des Lean Management.[18]

Die fünf „großen Ideen" werden im Bereich von Lean Construction Projekten beschrieben:
„

- Zusammenarbeiten, wirklich zusammenarbeiten
- Verstärkte Beziehungen zwischen den Projektbeteiligten
- Projekt als ein Netzwerk von Zusagen
- Optimierung des Gesamtprojekts
- Enge Verknüpfung von Erlerntem mit Handlung „[19]

Mithilfe von ihnen wird das „Beste für das Projekt" verwirklicht.[20]

Der Grundgedanke von Lean Construction ist die **Zusammenarbeit** mehrerer Personen von der Entwurfsplanung bis zur Fertigstellung des Projekts. Dies ist in Anbetracht der Abhängigkeiten des Designs, des Planungsobjekts, sowie der Wahl des Bauverfahrens, die beste Lösung für den Lebenszyklus des Objekts. Der Vorteil liegt darin, dass das Fachwissen der Ausführenden und späteren Nutzer des Objektes in der Planungsphase eingebunden wird.[21]

Des Weiteren dient Vertrauen als Grundlage und Mittel zu einem optimierten Projektverlauf und ermöglicht das Lernen sowie das Vermeiden von Fehlern in zukünftigen Projekten. Mithilfe von **verstärkten Beziehungen zwischen den Projektbeteiligten** und dem damit verbundenen Austausch von Informationen wird dazu eine geeignete Grundlage geschaffen.[22]

Der klassische Ansatz des Projektmanagements besteht aus einer detaillierten Vorausplanung, der Anwendung von Gegenmaßnahmen bei Abweichungen sowie der Kontrolle für Abläufe. Projektbasiertes Management bedeutet, dass **ein Netzwerk aus Zusagen im Projekt** organisiert und stetig gefördert wird. Dies widerspricht dem klassischen Ansatz des Projektmanagements.[23]

Das Last-Planner-System® ist ein Projektmanagement Ansatz, der es erlaubt, dass komplexe Projekte nicht detailliert vorausgeplant werden müssen.[24]

---

[17]Vgl. Sonntag und Hickethier 2011, 164ff.
[18]Vgl. ebd., 164ff.
[19] Sonntag und Hickethier 2011, S. 166.
[20]Vgl. ebd., 164ff.
[21]Vgl. ebd., 166ff.
[22]Vgl. ebd., 166ff.
[23]Vgl. ebd., 166ff.
[24]Vgl. Sonntag und Hickethier 2011, 166ff.

Der Projektmanager koordiniert als Organisator anstatt als Planer der Prozesse die Zusammenarbeit von Teams oder Einzelnen, die gleichwertig Entscheidungen treffen. Da Aktivitäten, die ausgeführt werden sollen, einiger Voraussetzungen bedürfen, werden diese gemeinsam vorbereitet. Die Aktivitäten, die vorbereitet sind und den Voraussetzungen entsprechen, können anschließend ausgeführt werden.
Es können beispielsweise wöchentliche Treffen abgehalten werden, in denen die Last-Planner® die nächsten Aktivitäten auswählen. Ob die Voraussetzungen erfüllt werden, wird bei diesen wöchentlichen Treffen zugesagt.[25] Das Last-Planner-System™ wird in Kapitel 4.3 näher vorgestellt.

Ein Nachteil für nachfolgende Gewerke entsteht oft durch Kostenoptimierung der eigenen Arbeit, ohne dabei die **Optimierung des Gesamtprojekts** zu beachten.
Verlängerte Projektdauern, schwierigere Koordination und der damit verbundene Verlust von Vertrauen der Zusagen sind eine Folge von der schwierigeren Planbarkeit des Arbeitsflusses.[26]

Wenn eine unmittelbare Rückmeldung der Leistung an die Projektteilnehmer erfolgt, ist somit eine kontinuierliche Verbesserung (japanisch, Kaizen = kontinuierliche Verbesserung, Eliminierung der nicht wertschöpfenden Tätigkeiten) der Vorgänge möglich. Durch eine Anpassung der Abläufe kann mithilfe von integrierter Abwicklung von Planung und Bau, kombiniert mit anpassungsfähiger Prozesssteuerung, das Lernen aus Fehlern erlaubt werden. Die festgestellten Fehler werden unmittelbar im Projekt korrigiert. Dies bildet eine **enge Verknüpfung von Erlerntem mit einer Handlung**.[27]

Lean Construction Management® baut auf dem Prinzip des Lean Construction oder auch Lean Management im Bauwesen auf, ist aber ein geschützter Begriff der Firma Drees und Sommer.[28] Deshalb wird in dieser Ausarbeitung der Begriff Lean Construction benutzt.
Weitere Unternehmen in Deutschland die auf Lean Construction setzen sind beispielsweise, Bauwens, die ihr erstes Pilotprojekt im Jahr 2013 hatten.[29]

---

[25]Vgl. ebd., 166ff.
[26]Vgl. ebd., 166ff.
[27]Vgl. ebd., 166ff.
[28]Vgl. Drees und Sommer, kein Datum.
[29]Vgl. Remke 2018.

3.2   Prinzipien von Lean Construction

Die fünf Prinzipien des Lean Managements finden wir übertragen im Lean Construction wieder (vgl. Abbildung 2).[30]

1. Der Kunde definiert aus seiner Sicht den Wert eines Produktes
2. Da der Kunde nicht bereit ist, für nicht wertschöpfende Tätigkeiten zu zahlen, werden diese durch eine Analyse des Wertstroms eliminiert, so dass der Prozess nur noch aus wertschöpfenden Tätigkeiten besteht - Kaizen.
3. Der kontinuierliche Fluss (Flow) durch die Produktion aus Material und Aktivitäten darf nicht unterbrochen werden. Unterbrechungen führen zu Stillstand und Verschwendung.
4. Über- und Fehlproduktion werden durch das Pull-Prinzip (Pull, englisch = ziehen) verhindert. Eine Bestellung wird erst ausgelöst, wenn der nachfolgende Arbeitsschritt ausgeführt wird. Damit werden nur benötigte Güter produziert.
5. Kontinuierliche Verbesserungsprozesse (Kaizen) decken Fehlerquellen auf und vermeiden Verschwendung (Muda). Der Fluss im Produktionssystem wird somit gesteigert, was zum Wegfallen unnötiger Lagerbeständen führt, welche wiederum als Verschwendung angesehen werden.[31]

Punkt 3 wird im traditionellen Projektmanagement vernachlässigt, da durch die große Anzahl von Schnittstellen sowie die Weitergabe von Risiken durch Verantwortlichkeiten eine Erschwerung entsteht.

Durch einen stetigen, möglichst verschwendungsfreien Arbeitsfluss ist es ein Ziel der Lean Construction, die Wertschöpfung zu erhöhen.[32]

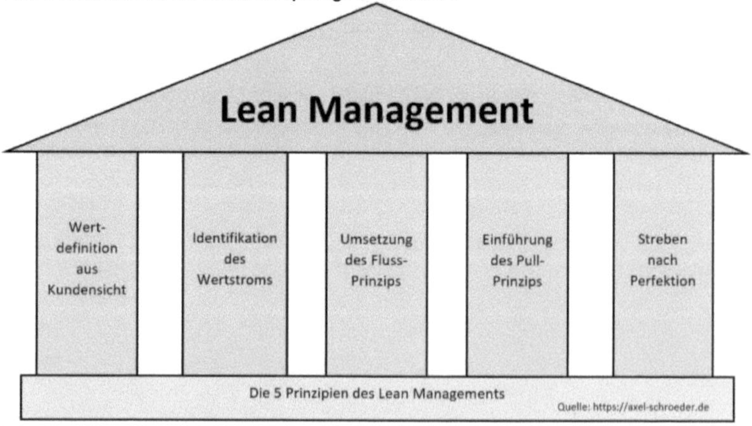

Abbildung 2: Die 5 Prinzipien des Lean Managements [33]

---

[30]Vgl. Sonntag und Hickethier 2011, S. 165.
[31]Vgl. ebd., S. 164.
[32]Vgl. ebd., S. 165.
[33] Axel Schröder 2018.

Das in Punkt 4 beschriebene Pull-Prinzip bedeutet, dass ein Produkt durch die Produktion gezogen wird. Das heißt, erst wenn ein konkreter Bedarf, durch Auslösen einer Untergrenze der Lagerbestände oder den Auftrag eines Kunden eingeht, wird das Produkt hergestellt. Somit ist es möglich auf spezifische Kundenbedürfnisse einzugehen und diese in der entsprechenden Menge herzustellen. Die Push-Planung (Push, englisch = drücken) dagegen erzeugt Produkte anhand von Markt- und Absatzanalysen. Dadurch kann nicht gezielt auf den einzelnen Kundenwunsch eingegangen werden. Überproduktion kann bei sinkender Nachfrage ebenso eintreten.[34] Punkt 5 wird im nachfolgenden Kapitel 3.3 näher beschrieben.

3.3   Anwendungsgründe und die Prozesse von Lean Construction

Lean Construction basiert auf den Grundlagen des Lean Management, jedoch sollte der Unterschied zwischen stationärer Industrie und dem Bauwesen beachtet werden.[35] [36]
Ein Grund für die Anwendung des Lean Construction, kurz LC, ist die Verbesserung des Flusses.[37] Unter Fluss wird der andauernde Ablauf, bei dem unnötige Puffer, Zwischenlager und Engpässe beseitig werden, als Ziel verstanden. Dies erfolgt durch die Schaffung einer optimalen Reihenfolge und diese in einen Takt zu bringen. Möglichst kleine Losgrößen sind hierfür am besten geeignet. Das bedeutet, dass entlang der Wertschöpfungskette lediglich ein einzelnes Produkt verarbeitet wird. Dies wird auch als "One-Piece-Flow" (vgl. Abbildung 3) bezeichnet. Da die meisten Menschen intuitiv davon ausgehen, dass es effizienter ist die Arbeit in Stapeln und somit größeren Losgrößen zu organisieren, besteht hier die Herausforderung der Optimierung des Gesamtprozesses. Dies spiegelt sich in der Praxis durch das „Abteilungsdenken" wieder. In der Baubranche wird dies durch die Einzelleistung der Gewerke und somit vieler Projektbeteiligter verstärkt.[38]
Bei der Anwendung der Flussfertigung erhöht sich die Wirtschaftlichkeit durch das Wegfallen der Zwischenlagerung sowie die Eliminierung der Tätigkeiten rund um die Lagerhaltung. Ebenso wird die Fehlerentdeckung erhöht, da die Fehlerentstehung durch Zwischenlagern in der Losfertigung nur bedingt nachvollziehbar ist.
Demgegenüber wird das mangelhafte Teil in der Flussfertigung sofort in den Folgeprozess eingebunden und ermöglicht so eine direkte Ursachenermittlung.[39]

---

[34]Vgl. GLCI-Arbeitsgruppe „Lean Construction – Begriffe und Methoden", S. 9.

[35]Vgl. Kapitel 3 2018, S. 9.

[36]Vgl. Kitzmann und Brenk 2018, 79ff.

[37]Vgl. Fiedler 2018b, S. 13.

[38]Vgl. GLCI-Arbeitsgruppe „Lean Construction – Begriffe und Methoden", S. 9.

[39]Vgl. Erlach 2010, 151f.

Abbildung 3: Vergleich Losfertigung – Flussfertigung [40]

Varianzen im Projekt sollen durch das Lean Management, was als Basis des LC dient, frühestmöglich erkannt und reduziert werden. Dies wird im Idealfall durch ein Normprodukt erreicht.[41] Durch das Normprodukt, mir geringer Varianz, ist es möglich einen ständigen Fluss zu generieren.

Da ein System immer so leistungsfähig wie die schwächste Stelle in seinem Ablauf ist, gilt es diese Schwachstelle zu untersuchen und, wenn möglich durch Aufstockung der Prozesse oder Harmonisieren des Zuflusses zu optimieren.[42]

Ist dies nicht möglich, so kann das oben beschriebene, auch Flaschenhals genannt, als Stabilisierung eines Prozesses dienen. Dazu muss der Flaschenhals planvoll als Maßnahme gesetzt werden, um einen ungleichmäßigen Zustrom aus vorhergehenden Prozessen in einen Takt zu bringen. Nachfolgende Prozesse haben so einen kontinuierlichen Zustrom an Versorgung. Dies ist wiederrum vorteilhaft für das Einbringen des Just-in-Time Prinzips.[43]

Als Messlatte wird im Lean Management die Unterteilung von wertschöpfenden und nicht-wertschöpfenden Tätigkeiten gesetzt. Alle Abläufe, die aus Kundensicht keinen Wertzuwachs bedeuten, sind überflüssig und sollen im Lean Management unterbunden werden.[44] Dadurch optimiert das Lean Management die Wertschöpfungskette.

---

[40] Schuler Consulting, Abb. nach HOMAG GROUP 2018.
[41] Vgl. Gehbauer, kein Datum, S. 7.
[42] Vgl. Gehbauer, kein Datum, S. 7.
[43] Vgl. ebd., S. 7.
[44] Vgl. Fiedler 2018b, 14ff.

Mögliche Schwachstellen durch vorherige Prozesse sollten durch das freie Bereitstellen von Informationen in nachfolgenden Arbeitsschritten unterbunden werden.

Jeder Mitarbeiter hat Einblick auf die Gesamtentwicklung und Prozesse im System und kann somit eigenhändig auf deren Optimierung hinwirken.

Im Lean Construction wird dabei gezielt auf Visualisierungen gesetzt, auf die in dem nachfolgenden Kapitel näher eingegangen wird.[45]

Zusammenfassend sind dies alles Problemstellungen und Lösungen, die unter die Punkte Vermeidung von Verschwendung, kontinuierlicher Verbesserungsprozess sowie Zufriedenheit des Kunden fallen, die in der Bauindustrie im Mittelpunkt stehen.[46]

Die weltweiten Erfolge der angewendeten Methoden, Werkzeuge und Herangehensweisen des LC sind messbar. Dazu zählen kleinere Verbesserungen in der Zusammenarbeit, die gemeinsame Voraussage der nachfolgenden Planung sowie die gesamte Veränderung aller Ausführungs- und Managementprozesse.

Bei den Management- und Ausführungsprozessen sind die größten Erfolge zu vermelden.[47]

Nachträge beschränken sich auf neue Gegebenheiten oder wirkliche Umplanungen, Planungsprozesse laufen schneller ab und durch die gemeinsamen Sitzungen und die Informationsoffenheit gibt es weniger Rückfragen. Ebenso können stabilere Prozesse sowie Win-Win-Situationen zwischen den Bauherren und den restlichen Projektbeteiligten zu einem zielgerichteteren Kundenwert führen.[48]

---

[45]Vgl. ebd., 14ff.
[46]Vgl. Gehbauer, kein Datum, S. 5.
[47]Vgl. ebd., S. 31.
[48]Vgl. ebd., S. 31.

4   Methoden der Lean Construction

4.1   Einführung

Die verschiedenen Ansätze der Lean Construction können unter anderem den drei Strömungen nach Haghsheno zugeordnet werden (vgl. Abbildung 4).[49]

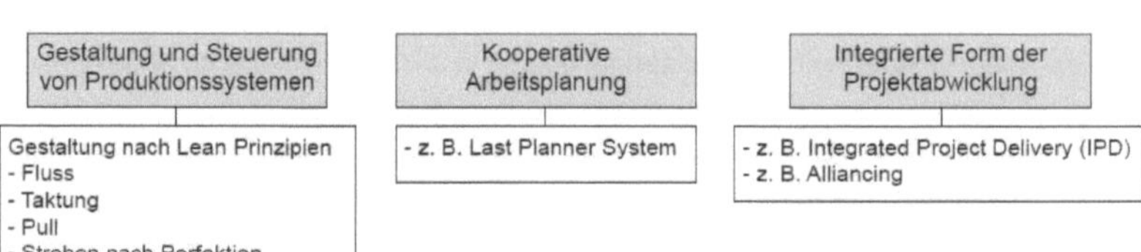

Abbildung 4: Die drei Strömungen, nach Haghsheno, der Lean Construction [50]

Die Lean Prinzipien wurden in dem vorherigen Kapitel beschrieben.[51]
In diesem Kapitel wird aus jeder Strömung eine Methode ausgewählt. Die Auswahl der einzelnen Methoden beruht auf dem durch Literaturquellen belegten hohen Potenzial, die Prinzipien der Lean Construction durchzusetzen.

- Das Last Planner System® als Methode der Kooperativen Arbeitsplanung.
- Die Taktplanung und Taktsteuerung (TPTS) als Methode der Gestaltung und Steuerung von Produktionssystemen.
- Die Integrated Project Delivery (IPD) als Methode der Integrierten Form der Projektabwicklung.

4.2   Last Planner System®

Wie in Kapitel 3.1 erwähnt, ist das Last-Planner-System® ein Projektmanagement Ansatz, der es erlaubt, dass komplexe Projekte nicht detailliert vorausgeplant werden müssen. Last Planner® sind diejenigen, die für die Erfüllung eines bestimmten spezifischen Arbeitsabschnitts verantwortlich sind. Das wiederum bedeutet, dass alle Projektbeteiligten im Last Planner System® mithilfe der Methode zur Termin- und Nachunternehmersteuerung eingebunden werden. Durch die kurzfristige oder auch unmittelbare Detailplanung und die direkten Gespräche mit den Last Plannern® wird die Produktivität erhöht sowie der Arbeitsfluss stabilisiert.[52]

---

[49]Vgl. Kitzmann und Brenk 2018, S. 87.
[50]. ebd., S.87.
[51]Vgl. Kapitel 3 2018, 9ff.
[52]Vgl. Kitzmann und Brenk 2018, S. 88.

Das Last Planner System umfasst fünf Phasen, die in Ihrer Gesamtheit in einer Beziehung zueinander zu betrachten sind. [53] Diese werden nachfolgend kurz dargelegt:

Erste Phase: Der Rahmenterminplan

Die Gesamtprojektlaufzeit sowie die wichtigsten Meilensteine sollen als Basis für ein Projekt in einem klassischen Rahmenterminplan festgehalten werden.[54]

Zweite Phase: Der kooperierende Phasenterminplan

Auf Grundlage des Rahmenterminplans kommt der kooperierende Phasenterminplan zum Einsatz. Der kooperierende Phasenterminplan wird, durch Aufkleben von „Post-Its" oder mithilfe von Magnettafeln, die in Zusammenhang stehende Tätigkeiten darstellen, visualisiert (vgl. Abbildung 5). Fenstergröße sowie die Exaktheit der einzelnen Arbeit sind zusammenhängend und werden vom Projektleiter ausgewählt.[55]

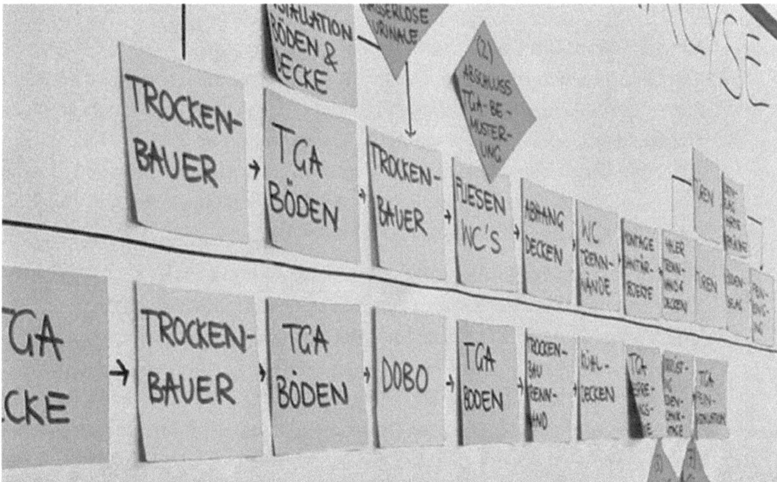

Abbildung 5: Visualisierung als Werkzeug des LPS®   [56]

Durch das Setzen der Aktivitäten in bestmöglicher Reihenfolge von den jeweiligen Beteiligten sowie der Abhängigkeiten der einzelnen Aktivitäten, wird klar, welche Vorrausetzungen zur Ausführung einer Tätigkeit geschaffen sein müssen.[57]
Da der Last Planner® sein Expertenwissen einbringen kann, wird es wahrscheinlicher alle Kausalitäten in komplexen Planungs- und Bauprozessen zu erkennen.[58]

---

[53]Vgl. Gehbauer, kein Datum, 41f.
[54]Vgl. Gehbauer, kein Datum, 41f.
[55]Vgl. ebd., 11f.
[56]Patrick Theis, Abb. nach Drees und Sommer 2014.
[57]Vgl. Sonntag und Hickethier 2011, 190f.
[58]Vgl. Sonntag und Hickethier 2011, 190f.

Durch das Vertrauen im Team können bei der Festlegung der Zeitdauer der einzelnen Tätigkeiten die traditionell oft eingeplanten Puffer entfernt werden.[59]
Zum Teil verwenden die Projektteilnehmer die eingesparte Zeit der Puffer, um einen Puffer im Gesamtprozess einzubauen, der nach Absprache aller Teilnehmer, sinnvoll erscheint. Die Projektdauer ist folglich insgesamt geringer.[60]

Dritte Phase: Vorschauplanung
Da es zu Hindernissen oder fehlenden Voraussetzungen der Tätigkeiten, die im kooperierenden Phasenterminplan kommen kann, werden diese in wiederkehrenden Zeitabständen, beispielsweise in den wöchentlichen Last Planner® Sitzungen, untersucht. Das Abstellen bekannter Hindernisse wird durch Hinterfragen kontrolliert, ebenso das Einreihen neuer Hindernisse. Als Ausgangspunkt für den nächsten Schritt, die Detailplanung, dienen die hindernisfreien Tätigkeiten der Vorschauplanung.[61]

Vierte Phase: Die Detail- oder auch Tagesplanung
Die Detailplanung besteht aus einer Aufstellung der hindernisfreien Arbeitsabläufe.
Durch die Auswertung des Gesamt-Trends (PEA-Wert) in der fünften Phase, der ein frühzeitiges Gegensteuern negativer Auswirkungen im Projekt anzeigt, hat der Ausführende durch seine Zusage die Verantwortung auf sich genommen. Dadurch hat der Ausführende ein eigenes Interesse alle Projektbeteiligten von Hindernissen bei der Ausführung seiner Tätigkeit zu unterrichten.[62]

Fünfte Phase: Kontinuierlicher Verbesserungsprozess
Der kontinuierliche Verbesserungsprozess besteht aus dem Auswerten, Dazulernen und Verbessern von Prozessen des Bauablaufes.
In den wöchentlichen Last Planner Sitzungen wird durch Befragungen und Einteilung in Kategorien, die Nichtausführung geplanter Tätigkeiten herausgefunden. Dadurch ist es möglich, die Herkunft des Problems festzustellen, um zu vermeiden, dass das gleiche Problem wieder auftritt.[63] Eine Stabilisierung des Produktionsflusses sowie die Vermeidung von Fehlern ist ein daraus entstehender Mehrwert.[64]
Ein stabiler und kontinuierlicher Produktionsfluss, bietet zudem die Grundlage für die Just-in-Time Fertigung.[65] [66] Die Grundlage für den stabilen und kontinuierlichen Produktionsfluss wird durch Einbringung des Pull-Prinzips in die Planung geschaffen.

---

[59]Vgl. ebd., 190f.
[60] Sonntag und Hickethier 2011, 190f.
[61]Vgl. ebd., 190f.
[62]Vgl. ebd., 190f.
[63]Vgl. ebd., 190f.
[64]Vgl. ebd., 190f.
[65]Vgl. Fiedler 2018a, 49f.
[66]Vgl. Kapitel 3.2 2018.

Dadurch wird der Grundbaustein für das Fluss-Prinzip gelegt, wodurch fließende Arbeitsabläufe möglich sind.[67]

Das Last Planner System® kann somit als Mittelpunkt der Lean Construction und Grundgedanke des Projektabwicklungsmodells gesehen werden.[68]

Zusammenfassend bietet das Last Planner System® folgende Mehrwerte:
Die Produktivität und Zufriedenheit aller Projektbeteiligten werden gesteigert. Prozesse und Arbeitsabläufe sind zuverlässiger organisiert. Dadurch werden Projekte, mit der damit verbundenen Einhaltung der Meilensteine und Produktionszeiten, insgesamt stabiler. Zudem werden Projekte schneller und kostengünstiger abgewickelt. Die Produktion des Endproduktes erfolgt mit größerer Sicherheit und höherer Qualität. Die Einbindung der Projektbeteiligten wird verstärkt und die eigenverantwortliche Zieleinhaltung ersetzt den überholten Ansatz der reinen Nachunternehmer-Kontrolle. Stress und „Feuerwehraktionen" werden durch die gleichmäßige in-Taktbringung vermieden. Während der Abwicklung wird der Grad der Kommunikation und Transparenz erhöht.[69]

Laut Gehbauer kann die Befürchtung, dass Offenheit und Transparenz, die das Last Planner System® voraussetzt, von Projektbeteiligten nicht eingehalten oder gezielt mit Fehlinformationen gearbeitet wird, eingedämmt werden.[70]

Ebenso die Ängste der Bauherren, dass durch die Offenheit übermäßig viele Nachträge gestellt werden. Beispielsweise können durch den Austausch von Informationen zwischen den Beteiligten im Vorfeld diese Gefahren abgewehrt werden.[71]

Mit schrittweiser Herangehensweise an die Thematik Kooperation, Transparenz und Offenheit erkennen, nach einschätziger Meinung der Fachliteratur, die Projektbeteiligten den Vorteil der Vorgehensweise des Last Planner Systems®.[72]

4.3 Taktplanung und Taktsteuerung (TPTS).

Taktplanung und Taktsteuerung (TPTS) verfolgen nahezu die gleichen Ziele wie das Last Planner System®.

Die Hauptunterschiede bestehen in der Herangehensweise der beiden Systeme und der Stabilisierung der Prozessschwankungen bei gleichzeitiger Erhöhung der Qualität.[73]

Die Entwicklung einer Taktplanung kann in zwei Phasen beschrieben werden.[74]

---

[67]Vgl. GLCI-Arbeitsgruppe „Lean Construction – Begriffe und Methoden", S. 39.
[68]Vgl. Sonntag und Hickethier 2011, S. 191.
[69]Vgl. GLCI-Arbeitsgruppe „Lean Construction – Begriffe und Methoden", S. 39.
[70]Vgl. Gehbauer, kein Datum, S. 15.
[71]Vgl. ebd., S. 15.
[72]Vgl. ebd., S. 15.
[73]Vgl. Binninger und Wolfbeiß 2018, 163ff.
[74]Vgl. ebd., 163ff.

Die erste Phase besteht aus dem Erarbeiten der Gewerkezüge.

Die Gewerkezüge stellen die Reihenfolge der Gewerke dar. Diese Reihenfolge wird gemäß den Lean Prinzipien im Rahmen aller Gewerke, Planer und sonstigen am Bau Beteiligten, auf Grundlage des verschwendungsarmen Pull-Prinzips, festgelegt. Die Festlegung wird visuell festgehalten.[75]

In der zweiten Phase wird ein Gesamtterminplan aus den einzelnen Gewerke-zügen, zusammengefügt.

Die Projektphasen der Planung, Vergabe, Ausführung, Inbetriebnahme und Abnahme sollten darin enthalten sein.[76]

Die Produktionsplanung und -steuerung für Bauprojekte über alle Projektphasen erfolgt bei der Taktplanung und Taktsteuerungsmethode kurzzyklisch und detailliert (vgl. Abbildung 6).[77]

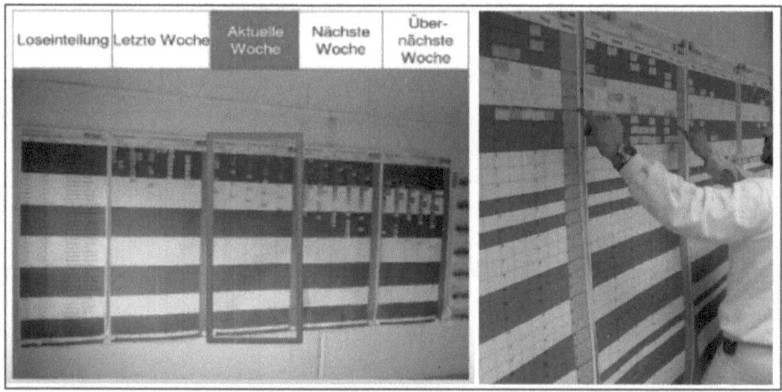

Abbildung 6: Wochenweise, kurzzyklische Planung [78]

Das System der Taktplanung und Taktsteuerung ist am besten für Taktbereiche mit sich wiederholenden Elementen geeignet, da bei der TPTS die aufgebaute Routine der Gewerkezüge einen schnellen Herstellungsablauf gewährleistet. Der beschleunigte und standardisierte Herstellungsablauf ist dann ein Mehrwert, der entsteht.

4.4 Integrated Project Delivery (IPD)

Durch das „Best-for-Project"-Denken wurden im Ausland Vertragsmodelle für Groß-bauvorhaben entwickelt, in denen der kooperative Ansatz in den Vertragsstrukturen eingebunden wurde (Mehrparteienverträge). Darunter fallen das IPD, das der Lean

---

[75] Vgl. Binninger und Wolfbeiß 2018, 163ff.

[76] Vgl. ebd., 163ff.

[77] Vgl. ebd., 163ff.

[78] German Lean Construction Institute – GLCI e. V., S. 53.

Construction entspringt sowie die australischen Alliancing-Verträge, auf die im Rahmen dieser Arbeit nicht näher eingegangen wird.

Das IPD schafft mit seinen passenden Anreizsystemen und Verträgen, die weitestgehend kommunikative Methoden zur Konfliktlösung einsetzen, ein Umfeld das auf Kooperation basiert.[79] In den USA wird das System der IPD, durch Mehrparteienverträge, bereits von Institutionen wie dem American Institut Architects (AIA) unterstützt. Dies erfolgt, indem diese Institutionen Vertragsmuster, die sich projektbezogen umgestalten lassen, herausgeben. Dadurch kann das IPD-System in den USA als Projektabwicklungsmodell problemlos eingesetzt werden. Auch europäische Länder wie Großbritannien oder Finnland haben bereits Erfahrungen mit der IPD und Mehrparteienverträgen gemacht. In Deutschland steht die Entwicklung von Mehrparteienverträgen noch am Anfang.[80] Es gibt durchaus kritische Stimmen aus den Reihen der Juristen, beispielsweise der Arbeitsgemeinschaft für Bau- und Immobilienrecht, die den Durchbruch des Mehrparteienvertrags anzweifelt. Begründet wird das durch die mangelnde Informationsbasis in der frühen Planungsphase, da diese nicht ausreichend genug für eine Beauftragung eines Unternehmens sei.[81]

BIM (Building Information Modeling) nutzt die IPD als Grundlage und ist vom Ansatz eng mit dieser, wie im Anhang A entnommen werden kann, verknüpft. Demnach stellt BIM die digitale Erweiterung des IPD-Denkens dar.[82]

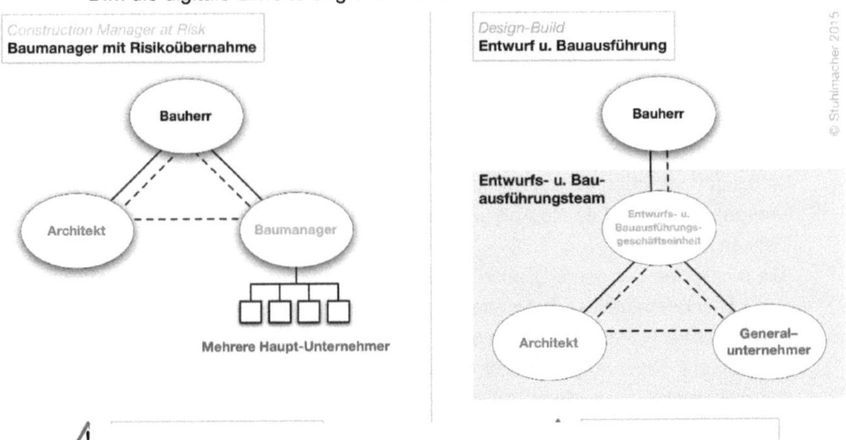

Abbildung 7: Vergabemethoden/Konstellationen für die das IPD besonders gut geeignet ist. [83]

---

[79] Vgl. Sonntag und Hickethier 2018, S. 281.
[80] Vgl. ebd., 281ff.
[81] Vgl. Kappes 2016, 1f.
[82] Vgl. Autodesk Inc., kein Datum.
[83] Stuhlmacher, Konrad, Abb. nach AIA National | AIA California Council 2007.

5 Umsetzung der rechtlichen Besonderheiten der Lean Construction in deutsche Bauverträge

Standardgemäße BGB- oder VOB-Bauverträge können durch Aufnahme spezifischer Regelungen als Grundlage für Vertragsformen gemäß dem „Best-for-Project"-Denken dienen, wie es Lean Construction vorsieht. Mit der Einbindung von Regelungen, die gemäß kooperationsförderndem Umfeld geschaffen werden, können angedachte Kosten und Termine eingehalten und sogar unterschritten werden. Die Ressourcen des deutschen Bauwesens können durch den Einbau dieser Vertragsregelungen in bestehende Vertragsmodelle besser ausgenutzt werden. Wenn die Verträge rechtlich dahingehend gestaltet werden, ist es möglich die Vertragsparteien zu einer stärkeren Kooperation zu bewegen und somit das Projekt mit effektiverem Denken und Handeln zu leiten. Der Standard, dass die Leistungsbeschreibung der Kern des Vertrages ist könnte letztlich sogar gebrochen werden. Dadurch wird das Zentrum des Vertrages, die Beschreibung des kooperativen Rahmens des Projekts über die Mechanismen der Zusammenarbeit.[84]

Die Auswahl der Projektpartner ist ein essentieller Bestandteil des Erfolgs, denn nur dadurch kann auch das Handeln der am Projekt beteiligten Personen bestimmt werden.[85] Daher ist es notwendig mit Projektpartnern zusammen zu arbeiten die ebenfalls „Lean denken", oder bereit dafür sind.

Private Bauherren können durch Lean Mechanismen, wie gemeinsamer offener Buchführung, Auswahl der Projektbeteiligten in qualitativer Sicht oder Gewinn- und Verlustteilung, bereits in den frühen Leistungsphasen der HOAI, anstelle einer Ausschreibung auf Basis eines LV, Ihre Verträge erweitern.[86]

Die Hauptfunktionen der IPD-Verträge können so in deutschen Verträgen eingebaut werden. Dadurch ist es möglich geeignete Anreizsysteme für das „Best-for-Project"-Denken zu nutzen.[87]

Allerdings sind bei der IPD auch die Besonderheiten der Mehrparteienverträge im zuvor beschriebenen Kapitel zu berücksichtigen.

Das gesamte Prinzip des kooperierenden Handelns der Projektbeteiligten wird im Hinblick auf die vertragliche Einbindung von § 242 BGB, Leistung nach Treu und Glauben, rechtlich gestärkt.[88]

Rechtliche Besonderheiten müssen in die Verträge eingearbeitet werden. Die Mechanismen des Vertrages bieten Anreize für die Projektbeteiligten, diese Werkzeuge zu nutzen. So kann beispielsweise das Last Planner System®, welches als Herzstück der Methode des Projektmanagement in der Planungs- und Ausführungsphase

---

[84]Vgl. Sonntag und Hickethier 2018, 288f.
[85]Vgl. ebd., 288f.
[86]Vgl. ebd., 174ff.
[87]Vgl. ebd., 288ff.
[88]Vgl. ebd., 288f.

angesehen wird, hocheffizient angewendet werden. [89] Dies ist dann der große Schritt zur Kooperation.[90]

Unter einer Vielzahl von Vertragsarten und -formen werden hier zwei exemplarisch aufgeführt.

Als Beispiel wäre hier der Garantierte-Maximalpreis-Vertrag (GMP-Vertrag, im englischen Guaranteed-Maximum-Price) zu nennen. Mit über 20 Prozent war bereits im Jahr 1998 diese Vertragsform in der US-Bauindustrie breit vertreten.[91]

Der GMP-Vertrag setzt als Anreiz, dass es einen garantierten Maximalpreis gibt, der bis zur Vollendung der geschuldeten Bauleistung, nicht überschritten werden darf. Wird dieser allerdings unterschritten so sieht eine zuvor ausgehandelte Bonusregelung vor, dass die Einsparung unter den Vertragsparteien aufgeteilt wird.[92]

Die Unterschreitung der Kosten ist hier der Anreiz, der die Parteien dazu bewegen soll verschwendungsarm zu arbeiten (vgl. Abbildung 8).

Weil die gesamte Kalkulation offengelegt werden muss, setzt dieses Vertragssystem von beiden Vertragspartnern ein hohes gegenseitiges Vertrauen voraus.

Das ist unter anderem noch ein Hindernis diese Vertragsart in Deutschland flächendeckend einzusetzen.

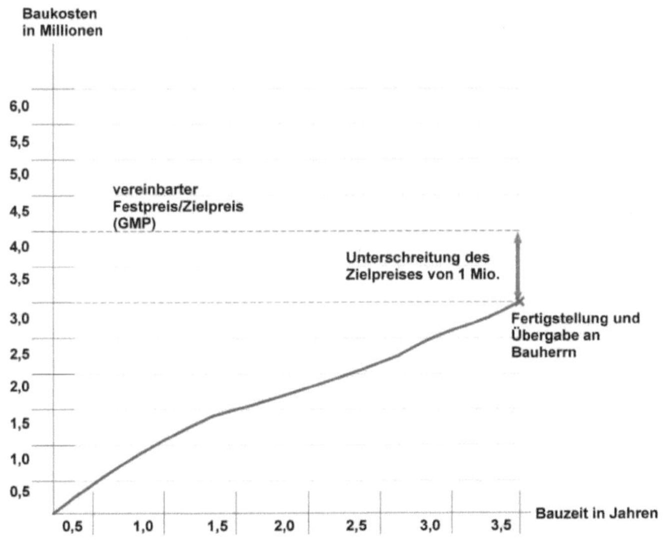

Abbildung 8: Beispiel einer Unterschreitung des festgelegten Zielpreises (GMP-Vertrag) [93]

---

[89]Vgl. Sonntag und Hickethier 2011, 187ff.

[90]Vgl. Gehbauer, kein Datum, S. 15.

[91]Vgl. Heidemann 2011, S. 34.

[92]Vgl. Haghsheno 2004, 37f.

[93] Anhang B/eigene Darstellung 2018.

Ebenfalls eine Art der Mehrparteienverträge stellt die „Integrated Form of Agreement" (IFOA) dar. Diese Vertragsform wurde in den USA entwickelt und ist im Jahr 2005 zum ersten Mal veröffentlicht worden. Der Vertrag ist so gestaltet, dass es dem Bauherrn möglich ist, die Entwicklung ständig zu beeinflussen. Somit können Fehler rechtzeitig erkannt und korrigiert werden. Da der Vertrag im Zuge der Lean Prinzipien entwickelt wurde, geschehen alle Änderungen selbstverständlich im Team - also gemeinsam.

Neben den kommerziellen Strukturen des Vertrages wird ein besonderes Augenmerk auf die Regelung des Verhaltens der Vertragsparteien untereinander gesetzt (vgl. Abbildung 9).[94]

Kommerzielle Strategie	Verhaltensstrategie: 5 große Ideen
Vergütung nach dem Selbstkostenerstattungsprinzip	Aufbau und ständige Weiterentwicklung der Beziehungen zwischen den Teamitgliedern
Fester, vorab vereinbarter Zuschlag für AGK sowie Gewinn	Zusammenarbeit sowohl während der Planung als auch in der Ausführung zwischen allen Mitgliedern im IPD-Team
Finanzielle Risiken werden im Risiko-Pool geteilt	Planung und Management der Projektes als ein Netzwerk aus Zusagen
Risiko ist auf einen festen Prozentsatz des Zuschlags für AGK sowie Gewinn begrenzt	Optimierung des Gesamtprojektes anstelle einzelner Teile
Aufteilung der Risiken im IPD-Team	Enge Verknüpfung von Erlerntem mit Handlungen
Finanzielle Einsparungen werden in Form von Belohnungen geteilt	Streitbeilegungsverfahren
Kurzfristige Zahlungsziele	

Abbildung 9: Klassifizierungen der IFOA- Vertragsstrategien [95]

Der IFOA-Vertrag basiert ähnlich dem zuvor beschriebenen GMP-Vertrag auf dem Anreizsystem das bei Unterschreitung des vereinbarten Budgets die Summe unter den Vertragsparteien entsprechend aufgeteilt wird.[96]

Zu bemerken ist jedoch das bei allen Vertragsformen nie an der Qualität oder den Sicherheitsaspekten gespart werden darf.

---

[94]Vgl. Heidemann 2011, 47f.

[95] Heidemann 2011, S. 130.

[96]Vgl. Heidemann 2011, 76f.

6　Fazit

Diese Ausarbeitung stellt fest, dass einige deutsche Firmen seit ein paar Jahren auf Lean Construction setzen und dieses im Hinblick auf die deutsche Rechtsprechung und Baukultur weiterentwickeln.

Ebenso ging hervor, dass von kleineren Durchbrüchen bis hin zu Änderungen der Management- und Ausführungsprozesse, Erfolge zu vermelden sind.

Zudem zeigt die Ausarbeitung die Methoden der Lean Construction auf und hat festgestellt, dass die Mehrheit der Vorteile überwiegt, sowie einige Ängste unbegründet sind.

Es wurde ebenfalls analysiert wie die Einarbeitung der Lean Construction in deutsche Verträge unter Beachtung der hier gültigen Besonderheiten möglich ist. Das ist der Grundbaustein für die rechtsgültige Anwendung der Lean Construction. Insbesondere gilt es, die Mehrparteienverträge markttauglich zu gestalten.

Lean Construction bietet einige Vorteile, ist aber zum einen nicht immer anwendbar und zum anderen langsam in die Unternehmen einzuführen, da „neues" bei einigen Mitarbeitern mit Anstrengung und zusätzlicher Arbeit verbunden wird. Ebenso benötigt eine solche Einführung, die Änderung bestehender Unternehmensstrukturen und -abläufen was wiederum einige Zeit in Anspruch nimmt.

Da die Baubranche, einer der am wenigsten effizienten Bereiche der deutschen Wirtschaft darstellt, hat Lean Construction durchaus seine Existenzberechtigung.

Die Kernidee des Lean Management im Bauwesen, Verschwendungen zu vermeiden ist nicht nur aus ökonomischer, sondern auch aus ethischer Sicht lange überfällig.

Insbesondere konservativ agierenden Kräften innerhalb der Baubranche sind daher die Vorteile der Lean Construction schonend aufzuzeigen.

Anhang A: Zusammenhänge der Methodiken in der Projektorganisation

Übersicht über die Gemeinsamkeiten und Grundsätze der Methodiken in der Projektorganisation. [97]

Themen	Methodiken in der Projektorganisation			
	Building Information Modeling (BIM)	Lean Construction	Last Planner System (LPS)	BIM Planner System (BPS)
Ziele	Ein Gebäude, ein Bauwerk oder eine Infrastruktur wird komplett über alle 5 Phasen von der Entwicklung bis zum Abriss digital entwickelt, begleitet und dokumentiert.	Lean Construction ist ein integraler Ansatz für die Planung, Gestaltung und Ausführung von Bauprojekten. Die Wertschöpfung soll maximiert und die Verschwendung minimiert werden.	Ziel ist die Verbesserung der Zuverlässigkeit von Prozessen durch strukturierte, vorausschauende und kooperative Planung unter Einbezug der letzten Planer.	Das BIM Planner System integriert die BIM Prozesse, die Lean Construction Methodik, das Last Planner System und die Qualitätsmanagement Prozesse.
Unterstützung der Digitalisierung	Ja	Nein	Nein, ist methodisch nicht vorgesehen!	Ja
Im Mittelpunkte steht…	das digitale Modell	der Mensch	der Mensch	der Mensch
Einbeziehung des digitalen Modells	Ja	Nein	Nein	Ja, bei Bedarf aber keine Voraussetzung
Verantwortlicher	BIM-Manager	Projektleiter, BIM-Manager	Projektleiter, BIM-Manager	BIM-Manager
Einsatz in den 5 BIM Phasen	Phase 2 bis 5 (Planung, Bau, Unterhaltung, Abriss)	Phase 3 (Bau)	Phase 3 (Bau)	Phase 1 bis 5 (Entwicklung, Planung, Bau, Unterhaltung, Abriss)
Organisationsstrategie	Keine	Face to Face	Face to Face	Digital / Face to Face
Prozesse	Die Prozesse werden nicht digital abgebildet.	Die Prozesse werden nicht digital abgebildet.	Die Prozesse werden nicht digital abgebildet.	Alle Prozesse werden digital abgebildet.
IT-Grundlage	Keine	Keine	Keine	Client-Server-Lösung auf einem individuellen Cloud-/LAN-Server
Kommunikation	E-Mail, verbal Telefon, verbal persönlich	Verbal persönlich, verbal Telefon, E-Mail	Verbal persönlich, verbal Telefon, E-Mail	Digital grafisch, verbal persönlich, E-Mail und verbal Telefon nur im äußersten Notfall
Handhabung	Keine Unterstützung	Manuell an einem Whiteboard in einem Besprechungsraum	Manuell an einem Whiteboard oder einer Stecktafel in einem Besprechungsraum	Digitale grafische Online-Benutzeroberfläche. Die Bedienung erfolgt über Tastatur und Mouse oder Touchscreens.
Status Quo Besprechungen	Nach Vereinbarung vor Ort oder als Videokonferenz	Täglich oder wöchentlich vor Ort mit persönlicher Anwesenheit	Wöchentlich vor Ort mit persönlicher Anwesenheit	Sehr flexibel täglich oder wöchentlich nach Vereinbarung vor Ort oder als digitale Konferenz auf Basis einer grafischen Benutzeroberfläche.
Reaktionszeiten	Ist vom Ereignis abhängig	Mittel bis Lang je nachdem ob alle Team-Mitglieder im Hause sind	Lang / wöchentlich	Schnell, wenn ein kritisches Ereignis eintritt / On Demand
Teambildung	Keine Unterstützung	Ja	Ja	Ja
Auswirkungen für die Teams	Kooperative und transparente Datenhaltung, die eine Änderung in der Teambildung erfordert.	Kooperative und transparente Teambildung	Kooperative und transparente Teambildung	Kooperative und transparente Teambildung mit digitaler Unterstützung und mit direkter Auswirkung auf die Verbesserung der Arbeitsqualität.
Dokumentation	Manuell in Form von Tabellen.	Manuell in Form von Tabellen.	Manuell in Form von Tabellen.	Online, Just-in-Time
Transparenz der Dokumentation	Nicht transparent, die Tabellen liegen ausschließlich in der Hand des BIM-Managers.	Nicht transparent, die Tabellen liegen ausschließlich in der Hand des BIM-Managers.	Nicht transparent, die Tabellen liegen ausschließlich in der Hand des BIM-Managers.	Jederzeit online für alle Teammitglieder einsehbar.
Aktualisierung der Dokumentation	Die Aktualisierung erfolgt bei Bedarf	In der Regel wöchentlich	In der Regel wöchentlich	Jederzeit automatisch online aktuell
Ist die Dokumentation tagesaktuell?	Nein	Nein	Nein	Ja
Aufwand für die Dokumentation	Sehr hoch	Hoch	Sehr hoch	Sehr gering, weil automatisiert.
Messbarkeit der Team-Produktivität	Nicht möglich	Wöchentlich mit manuellem Aufwand	Wöchentlich mit manuellem Aufwand	Täglich online automatisch und immer aktuell
Standardcharts zur Darstellung der Produktivität	keine	Hoher manueller Aufwand mit Excel-Tabellen	Hoher manueller Aufwand mit Excel-Tabellen	Online Datenbank, automatisch, Just-in-Time
Ist die Messung der Produktivität objektiv?	Keine Aussage, da keine Messung stattfindet.	Tabellen sind jederzeit manipulierbar.	Tabellen sind jederzeit manipulierbar.	Ja, die Messung lässt sich nicht manipulieren.
Unterstützung Change-Management	Nein, BIM selbst unterstützt kein Change-Management. Der Einsatz von BIM setzt es aber voraus.	Ja	Ja	Ja
Integration DIN EN ISO 9001:2015	Nicht vorhanden, aber sehr sinnvoll.	Nicht vorhanden aber erforderlich, mit hohem manuellen Aufwand	Nicht vorhanden, aber erforderlich mit hohem manuellen Aufwand	Eine digitale Integration mit einem geringen Aufwand ist vorhanden.

[97] Ulf Krause 2018.

Anhang B: Beispiel GMP-Vertrag Überschuss

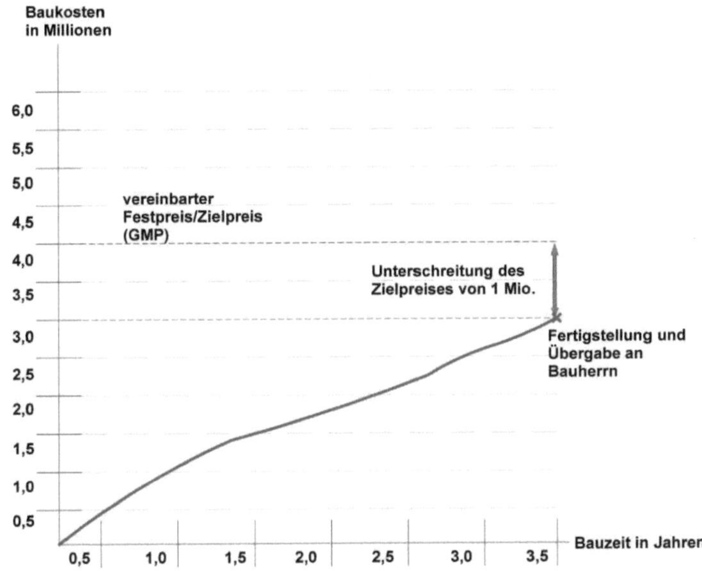

Literaturverzeichnis

Anhang B/eigene Darstellung (2018): Anhang B.

Autodesk Inc. (kein Datum): Integrierte Projektabwicklung (IPD). Online verfügbar unter https://www.autodesk.de/solutions/collaborative-project-delivery, zuletzt aktualisiert am 01.11.2018.

Axel Schröder (2018): Die 5 Prinzipien des Lean Management. Online verfügbar unter https://axel-schroeder.de/lean-management/, zuletzt geprüft am 25.10.2018.

Balsliemke, Frank (2015): Kostenorientierte Wertstromplanung. Prozessoptimierung in Produktion und Logistik. Wiesbaden: Springer Gabler (essentials). Online verfügbar unter http://ebooks.ciando.com/book/index.cfm/bok_id/1870184.

Binninger, M.; Wolfbeiß, O. (2018): Taktplanung und Taktsteuerung bei weisenburger. In: Martin Fiedler (Hg.): Lean Construction - das Managementhandbuch. Agile Methoden und Lean Management im Bauwesen. Berlin: Springer Gabler, S. 163–177.

Christian Sachs (2018): Dreieck des Projektziels. Online verfügbar unter https://cactus-competence.com/das-magische-dreieck-des-projektmanagements/, zuletzt geprüft am 20.10.2018.

Drees und Sommer (kein Datum): Lean Construction Management - LCM®,, kein Datum. Online verfügbar unter https://www.dreso.com/leistungen/lean-construction-management/, zuletzt geprüft am 01.11.2018.

Erlach, Klaus (2010): Wertstromdesign. Der Weg zur schlanken Fabrik. 2., bearb. und erweiterte Aufl. Berlin, New York: Springer (VDI-Buch). Online verfügbar unter http://site.ebrary.com/lib/alltitles/docDetail.action?docID=10408765.

Fiedler, M. (2018a): Das Toyota-Production-System – TPS. In: Martin Fiedler (Hg.): Lean Construction - das Managementhandbuch. Agile Methoden und Lean Management im Bauwesen. Berlin: Springer Gabler, S. 39–63.

Fiedler, M. (2018b): Lean Thinking – Eine Einführung. In: Martin Fiedler (Hg.): Lean Construction - das Managementhandbuch. Agile Methoden und Lean Management im Bauwesen. Berlin: Springer Gabler, S. 13–37.

Fiedler, M. (2018c): Vorwort. In: Martin Fiedler (Hg.): Lean Construction - das Managementhandbuch. Agile Methoden und Lean Management im Bauwesen. Berlin: Springer Gabler, S. IX–XIII.

Fiedler, M.; Dlouhy, J.; Binninger, M. (2018): Der Lean Ansatz im Hinblick auf die Baubranche. In: Martin Fiedler (Hg.): Lean Construction - das

Managementhandbuch. Agile Methoden und Lean Management im Bauwesen. Berlin: Springer Gabler, S. 97–101.

Fiedler, Martin (Hg.) (2018d): Lean Construction - das Managementhandbuch. Agile Methoden und Lean Management im Bauwesen. Berlin: Springer Gabler. Online verfügbar unter http://dx.doi.org/10.1007/978-3-662-55337-4.

Gehbauer, F. (kein Datum): Lean Management im Bauwesen. Grundlagen. Lean Construction Institut. Online verfügbar unter https://www.tmb.kit.edu/download/Gehbauer_2011_Lean_Management_im_Bauwesen_Grundlagen.pdf, zuletzt aktualisiert am 17.10.2018.

German Lean Construction Institute – GLCI e. V. (Hg.): Lean Construction Begriffe und Methoden.

GLCI-Arbeitsgruppe „Lean Construction – Begriffe und Methoden": Lean Construction Begriffe und Methoden. Unter Mitarbeit von J. Altner, B. Baur, F. Berner, M. Binninger, R. Ellinghaus, D. Haecker et al. In: German Lean Construction Institute – GLCI e. V. (Hg.): Lean Construction Begriffe und Methoden, S. 1–103.

Haghsheno, Shervin (2004): Analyse der Chancen und Risiken des GMP-Vertrags bei der Abwicklung von Bauprojekten. Zugl.: Darmstadt, Techn. Univ., Diss., 2004. Berlin: Mensch & Buch Verl. (Forschungsberichte aus den Ingenieurwissenschaften).

Heidemann, Ailke (2011): Kooperative Projektabwicklung im Bauwesen unter der Berücksichtigung von Lean-Prinzipien - Entwicklung eines Lean-Projektabwicklungssystems: Internationale Untersuchungen im Hinblick auf die Umsetzung und Anwendbarkeit in Deutschland. s.l.: KIT Scientific Publishing. Online verfügbar unter http://www.doabooks.org/doab?func=fulltext&rid=19448.

Kappes, Alexander (2016): Expertentipp - Digitalisierung verändert Bau(recht) in Deutschland. ARGE Baurecht im Deutschen Anwaltverein. Online verfügbar unter https://arge-baurecht.com/fileadmin/user_upload/artikel/expertentipps/2016/04-14/AG-BauR_Expertentipp_BIM.pdf, zuletzt geprüft am 05.12.2018.

Kitzmann, Q.; Brenk, W. (2018): Entwicklung von Lean Management hin zu Lean Construction. In: Martin Fiedler (Hg.): Lean Construction - das Managementhandbuch. Agile Methoden und Lean Management im Bauwesen. Berlin: Springer Gabler, S. 79–92.

Patrick Theis, Abb. nach Drees und Sommer (2014): Visualisierung als Werkzeug des LPS®. Hg. v. Deutsche Bauzeitschrift - dbz.de. Online verfügbar unter http://www.dbz.de/artikel/dbz_Lean_Construction_Management_Bauprojekte_schneller_und_stressfreier_2222291.html, zuletzt geprüft am 05.11.2018.

Remke, P. (2018): Warum Bauwens bei allen Projekten auf Lean-Construction setzt
- und was wir dadurch gewinnen. Hg. v. Linkedin. Online verfügbar unter
https://www.linkedin.com/pulse/warum-bauwens-bei-allen-projekten-auf-setzt-und-
wir-philipp-remke, zuletzt geprüft am 01.11.2018.

Roland Berger (2016): Bauwirtschaft im Wandel. Trends und Potenziale bis 2020.
Studie. Online verfügbar unter https://www.rolandberger.com/de/Publications/Bau-
wirtschaft-im-Wandel.html, zuletzt aktualisiert am 16.10.2018.

Schuler Consulting, Abb. nach HOMAG GROUP (2018): Vergleich Losfertigung –
Flussfertigung. Online verfügbar unter https://docplayer.org/10358711-Ueberlebens-
frage-und-strategie-fuer-produzierende-unternehmen.html, zuletzt geprüft am
19.10.2018.

Sonntag, G.; Hickethier, G. (2011): Jahrbuch Baurecht 2011 - Neuer Elan für Pro-
jektverträge. Lean Management im Bauwesen. Aktuelles Grundsätzliches Zukünfti-
ges. Unter Mitarbeit von Kapellmann und Vygen.

Sonntag, G.; Hickethier, G. (2018): Vertragliche Umsetzung von Lean Construction
in Deutschland. In: Martin Fiedler (Hg.): Lean Construction - das Managementhandbuch. Agile Methoden und Lean Management im Bauwesen. Berlin: Springer Gabler, S. 277–291.

Stuhlmacher, Konrad, Abb. nach AIA National | AIA California Council (2007): Inte-
grierte Projektabwicklung nicht geeignet für jede Vergabemethode. Hg. v.
https://bimundumbimherum.wordpress.com. Online verfügbar unter https://bimund-
umbimherum.files.wordpress.com/2015/02/projekt-abwicklungsmodelle.png, zuletzt
geprüft am 21.10.2018.

Ulf Krause (2018): Gemeinsamkeiten der Methodiken in der Projektorganisation.
Online verfügbar unter https://ulfkrause.wordpress.com/2017/10/28/bim-lean-
construction-last-planner-system-lps-und-bim-planner-system-bps-4-methodiken-im-
vergleich-wo-sind-gemeinsamkeiten-wo-sind-unterschiede/,, zuletzt geprüft am
18.10.2018.